AF313638

RAPPORT

FAIT

A LA SOCIÉTÉ D'AGRICULTURE

DU DÉPARTEMENT DE LA SEINE,

Concernant les améliorations agricoles opérées, depuis quelques années, dans le département des Hautes-Alpes;

Par M. PETIT, *Membre de la Société.*

PARIS,

DE L'IMPRIMERIE DE MADAME HUZARD.

Mars 1810.

EXTRAIT

Du Registre des délibérations de la Société d'Agriculture du département de la Seine; séance du 20 décembre 1809.

Un membre présente une analyse raisonnée des améliorations agricoles opérées depuis quelques années dans le département des Hautes-Alpes, par l'effet des instructions publiées par la Société d'Emulation de Gap sous les auspices de M. *Ladoucette*, ex - préfet de ce département, actuellement préfet de celui de la Roër, et correspondant de la Société d'Agriculture de Paris. L'assemblée applaudit aux résultats satisfaisans que présente ce tableau, et, désirant témoigner le vif intérêt que lui inspirent d'aussi utiles travaux, elle arrête : 1°. que le rapport qui vient de lui être lu sera imprimé, et envoyé à ses correspondans, ainsi qu'aux Sociétés d'Agriculture de l'Empire, et spécialement à M. *Ladoucette* et à la Société de Gap ; 2°. qu'il sera offert à cette dernière Société, comme un témoignage d'estime de celle de la Seine, une médaille d'or, que M. le Président l'invitera à faire recevoir, dans la prochaine séance publique, par un de ses membres ou autre représentant ;. 3° la Société nomme au nombre de ses correspondans M. *Far-*

A

naud, secrétaire - général de la préfecture des Hautes-
Alpes, dont le zèle éclairé a puissamment secondé les
intentions bienfaisantes de M. le préfet de Gap, et les
efforts de la Société d'Émulation.

Signé le sénateur comte François de
Neuchateau, *Président;*

Silvestre, *Secrétaire.*

RAPPORT

FAIT

A LA SOCIÉTÉ D'AGRICULTURE

DU DÉPARTEMENT DE LA SEINE,

Concernant les améliorations agricoles opérées, depuis quelques années, dans le département des Hautes-Alpes.

Messieurs,

Aucune Société savante n'a été, à sa naissance, environnée, d'autant d'obstacles, que celles qui se sont consacrées à l'agriculture. Elles ont eu à combattre les deux espèces d'ennemis le plus dangereux, l'ignorance et les préjugés. Obligées de créer le goût de la science qu'elles culti-voient, elles sembloient être moins protégées que tolérées par le Gouvernement. Ce qu'elles conseilloient étoit souvent exécuté par la mal-adresse, et quelquefois même contrarié par la malveillance. Un essai malheureux couvroit la vérité de nuages difficiles à dissiper. Les succès les plus décisifs ne suffisoient point s'ils étoient isolés. Les hommes en général, et sur-tout les

A 3

habitans des campagnes , ne peuvent être éclairés que par leur expérience personnelle ; ils ne croient que ce qu'ils voient , et même que ce qu'ils ont souvent vu. Il falloit que les Sociétés d'Agriculture leur offrissent , sur les divers points de la France , des objets de comparaison , et qu'elles renouvelassent les mêmes efforts sur chacun de ces points. Elles avoient à craindre jusqu'au zèle de l'opulence, trop pressée de jouir, qui préfère l'éclat à la solidité, qui ne sait pas que l'économie est la qualité la plus nécessaire à un agriculteur, et qui ne veut pas croire que, quelque brillante que soit une opération agricole, elle est toujours mauvaise, lorsque ses dépenses excèdent ses produits.

Dans cette longue et pénible lutte, elles n'ont pas eu un seul instant de découragement. Leur constance a vaincu toutes les difficultés. Vous avez eu, Messieurs, une juste idée de l'importance des services qu'elles ont rendus à l'Agriculture, lorsque vous avez mis au nombre des sujets des prix que vous décernez les meilleurs mémoires qui feroient connoître les progrès qu'elle a faits depuis cinquante ans.

Je vais vous rendre compte des travaux d'une des plus modernes de ces Sociétés. Je ne viens pas vous offrir un des tableaux de l'intéressante galerie, qui sera un des plus précieux ornemens de vos archives. J'espère qu'un des membres de cette Société tiendra la promesse qu'il m'a faite, et qu'il paroîtra dans la lice que vous avez laissée ouverte.

Le travail que j'ai l'honneur de vous soumettre a un autre objet. Je me propose de faire connoître les admirables effets du concours de la science et du pouvoir, et de prouver, par ce qui a été exécuté, depuis un très-petit nombre d'années, dans un des départemens les plus maltraités par la nature, que, sous un Gouvernement puissant, avec une division de territoire qui a fondu tous les intérêts particuliers dans l'intérêt général, qui rend toutes les parties de l'Empire françois également accessibles à tout ce qui est utile, et des Sociétés savantes qui rivalisent de zèle et de talens, les progrès sont aujourd'hui aussi rapides qu'ils étoient lents dans le principe, et qu'il n'y a aucun département dans lequel l'agriculture ne puisse être facilement portée au plus haut degré de perfection.

M. *Ladoucette*, préfet du département des Hautes-Alpes, a établi à Gap, en l'an XII, une Société sous la dénomination de *Société d'Emulation*. Cette Société public un *Journal d'Agriculture et des Arts*.

Pour mettre son Journal à la portée d'un plus grand nombre d'Agriculteurs, la Société a fixé le prix de l'abonnement à la modique somme de 5 francs.

Il est rédigé avec une clarté et une simplicité, qui prouvent que ses rédacteurs ne sont animés que du désir d'être utiles ; ils ne se sont pas contentés de se faire parfaitement bien entendre par toutes les classes de lecteurs : ils ont employé un moyen, aussi touchant qu'ingénieux, de faire parvenir leurs instructions jusqu'à ceux qui ne savent pas lire. Ils ont écrit aux curés du département une lettre que je voudrois pouvoir transcrire toute entière ; mais la multitude des objets que j'ai à mettre sous vos yeux m'impose la loi de ne vous citer que le passage suivant :

« Quand la Société s'est déterminée à rédiger pour ce département un Journal d'Agriculture et des Arts, elle a compté sur vos lumières et vos secours. Elle sait que, dans un grand nombre de communes, il est peu d'agriculteurs en état de lire, encore moins de comprendre par eux-mêmes les instructions que nous publions. C'est par vous que nos leçons rurales peuvent parvenir utilement à leurs oreilles, et recevoir le développement dont elles ont besoin pour pénétrer dans leur esprit ; c'est par vous que les préjugés agricoles, les vieilles routines, peuvent être décriés et anéantis ; c'est par vous que les lumières, l'aisance et le bonheur doivent s'introduire et régner dans les campagnes. La confiance que vous assurent vos vertus, et la supériorité de vos connoissances, font que votre parole est reçue avec foi. On ne regarde plus comme incertain ce que vous dites et ce que vous enseignez, parce que vous savez parler et répéter avec douceur, donner les préceptes avec clarté, exhorter avec cette persévérance, avec cet esprit de bienveillance qui touche et persuade. Votre empire est celui de la raison, de la sagesse et de la modération. »

La Société d'Emulation a commencé ses leçons rurales par des observations sur l'élévation du sol cultivé, sur les diverses expositions, sur les différences qu'elles établissent dans les productions de la terre, sur les diverses qualités de terre, sur les productions relatives à ces qualités, sur ce qui doit être l'objet principal de l'agriculture dans les Hautes-Alpes, sur les prairies artificielles et sur la manière dont elles fertilisent et ameublissent la terre.

L'élévation du sol cultivé des Hautes-Alpes au-dessus du niveau de la mer est depuis cinq cent quarante-cinq mètres soixante-treize centimètres jusqu'à deux mille quarante mètres soixante - quatre centimètres. On y moissonne le froment au point le moins élevé, tandis qu'au plus élevé le seigle, à peine sorti de dessous la terre, commence à végéter.

Ce sol est extrêmement varié, sur-tout dans les communes au-dessus de sept cent soixante-dix-neuf mètres soixante centimètres d'élévation.

On y compte huit espèces de terres. Elles sont si peu fertiles, qu'à l'époque de la création de la Société d'Emulation les cultivateurs retiroient à peine trois pour un, et que le produit des meilleurs domaines ne s'élevoit qu'à quatre.

« Que peut donc (ce sont les expressions des rédacteurs du Journal), que peut espérer et recueillir l'habitant des Hautes-Alpes sous un ciel glacé, au milieu des gorges profondes qui lui dérobent les rayons du soleil pendant une partie du jour, dans un sol ou sablonneux et sans substance, ou compacte et revêche, à la merci d'un hiver long et rigoureux, d'un printemps froid et nébuleux, d'un été orageux ou sec, et d'un automne hérissé de frimats? Ne pouvant rien sur l'élévation et l'exposition du sol, nous devons porter tous nos soins à bonifier et améliorer les terres, à donner du fond aux superficielles, à lier celles qui sont trop désunies, à engraisser celles qui manquent de substance, à adoucir les revêches, à émouvoir les paresseuses, à ouvrir les tenaces, à atténuer les compactes. »

Je ne peux mieux vous faire sentir, Messieurs, combien d'aussi grands changemens étoient difficiles qu'en rassemblant les faits qui prouvent l'état déplorable dans lequel l'agriculture étoit, sous tous les rapports, à cette époque.

On ne connoissoit pas dans ce département l'art de faire des prairies artificielles. De nombreux torrens dégradoient sans cesse les prairies naturelles. Les cultivateurs ne pouvoient entretenir que très-peu de bestiaux, dont toutes les espèces étoient dégénérées. Les deux tiers de terres ingrates, rarement fumées et mal labourées par des animaux foibles, donnoient trois pour un, quelquefois au-dessous, et quatre au plus ; l'autre tiers étoit condamné à un inutile repos.

Les bois avoient été presqu'entièrement détruits. Dans plusieurs communes, on étoit obligé de chauffer les fours avec de la paille, et dans presque toutes de faire cuire le pain pour toute l'année, et même pour dix-huit mois. Des Sibarites, qui trouvent tous les matins sur leurs tables le pain préparé pendant leur sommeil, auront de la peine à croire ce fait ; mais il est si solennellement attesté qu'il n'est pas permis d'en douter.

L'un des rédacteurs du Journal, dans une des-

cription énergique des funestes effets de la destruction des bois, s'écrie : « Nos champs eux - mêmes,
tout crevassés et couverts des débris des hauteurs,
n'attestent-ils pas les maux qu'une dangereuse in-
souciance a laissé propager? Si les coteaux eussent
été garnis de bois, si les gazons n'eussent pas été
enlevés, les pluies orageuses eussent-elles créé des
milliers de torrens, qui ont entraîné dans leurs
cours des couches de terre végétale que la nature
emploie des siècles à former? »

Enfin la Société d'Emulation disoit, dans le premier numéro de son Journal, « qu'en parcourant
ce département, on voyoit par - tout des hommes
bruts, pauvres, malheureux, des villages entiers
où la misère et l'inertie des habitans attristoient
l'ame, et qui étoient dépourvus de toute industrie par une suite de leurs mœurs, ou par d'autres vices de localité. »

Il falloit détruire un assolement aussi vicieux
que celui qui existoit, créer des prairies artificielles,
féconder les prairies naturelles, en contenant les
torrens par des digues, et en construisant des canaux d'arrosage, régénérer toutes les espèces de
bestiaux, les multiplier, proportionner les engrais
aux besoins, réparer tous les maux qu'avoit produits la destruction des bois, c'est-à-dire changer toutes les bases de l'agriculture dans ce dépar-

tement ; en un mot faire sortir sa population de son inertie, et l'arracher à la misère qui en étoit la suite.

Vous concevez, Messieurs, que cette Société n'a pu suivre aucun ordre dans ses travaux, parce qu'elle a été nécessairement entraînée par le mouvement que lui imprimoient ceux de ses membres et de ses correspondans, et par les faits et les circonstances. Je classerai les matières qu'elle a traitées, et je réunirai toutes les instructions qu'elle a répandues à diverses époques sur chacune d'elles.

Suppression des Jachères.

La Société a publié plusieurs écrits sur la nécessité de supprimer les jachères, et sur le genre d'assolement que les cultivateurs des Hautes-Alpes devoient adopter.

» Si, leur disoit-elle dans le premier de ces écrits, le propriétaire d'un domaine de trente charges, au lieu d'en labourer quinze par saison, n'en labouroit que neuf, qu'il en prît six sur chaque saison, ce qui fait douze, qu'il ensemençât ces douze charges en prairies naturelles, en sainfoin, luzerne, trèfle, navets, etc., il recueilleroit une grande quantité de fourrage et de nourriture pour l'hiver ; il seroit en état d'avoir, outre une paire de bœufs (1), trois ou quatre vaches, des jumens, des mulets, le double de cochons, et un très-grand nombre de bêtes à laine. Tous ces bestiaux auroient une bonne et abondante nourriture ; ils ne mangeroient que peu de paille ; ce qui en resteroit feroit de la litière et se convertiroit en engrais. Les bestiaux seroient en bon état l'hiver comme l'été ; ils seroient plus forts et plus grands, et ils travailleroient mieux : leur fumier seroit bien meilleur. Le propriétaire auroit d'ailleurs beaucoup de regains, de pâturages dans l'automne pour faire manger aux vaches et autres bestiaux, et se ménager par-là d'amples provisions pour l'hiver. En ne labourant pour les graines céréales que neuf charges, il seroit à même de donner un ou deux labours de plus, ce qui rend la terre plus meuble et plus susceptible de produire ; ayant une plus grande quantité de bestiaux, il fumeroit autant que la terre l'exigeroit. Par cette manutention il est indubitable que les neuf charges rapporteroient plus que quinze mal cultivées. »

L'auteur d'un mémoire sur la suppression des

____

(1) A l'époque de la publication de cette instruction, le propriétaire d'un domaine de trente charges n'avoit qu'une paire de bœufs, une vache, deux cochons, et environ vingt-cinq à trente brebis.

jachères faisoit les mêmes calculs sous une autre forme ; il y ajoutoit de nouvelles considérations.

« Il faut, disoit-il, nécessairement adopter une division de terres en assolemens alternatifs, dont les récoltes soient variées et tellement coordonnées, qu'une partie fournisse le blé et autres graines d'automne ; une autre les mars et les végétaux d'utilité économique ; la troisième les plantes fourrage.

» Supposons un domaine de trente setérées anciennes, la setérée de trente-six ares trois centiares (neuf mille toises), non compris une prairie stable, qui, dans la proportion commune, ne s'élève pas au-delà de cinquante-six ares quatre-vingt-dix-sept centiares, mille quinze cents toises.

» Suivant la division accoutumée, la moitié de ce terrein porte du blé, du méteil ou du seigle. Sur celle en repos on fait quelques mars, qui épuisent les terres sans offrir de ressource considérable. Si nous divisons tout ce terrein en trois parties ou assolemens, nous destinerons l'une à porter les grains d'automne, l'autre les mars de toute espèce, les légumes, les pommes de terre, etc. ; la troisième les plantes artificielles, le sainfoin, la luzerne, le trèfle, etc.

» Considérons si, par la plus grande abondance d'engrais, le tiers de ce domaine, formant neuf mille toises, destiné à porter du blé, n'en rendra pas autant que la moitié, c'est-à-dire treize mille cinq cents toises cultivées suivant la méthode ancienne.

» Le produit en blé de nos meilleurs domaines s'élève au plus annuellement à quatre pour un. Or, pour atteindre à l'égalité dont nous parlons, il suffit de l'élever à six, ce qui ne sera pas bien difficile par le moyen d'engrais plus abondans, et d'une culture plus soignée; et alors neuf mille toises donneront autant que treize mille cinq cent. Ajoutons le produit de la partie des semailles du printemps, celui des pommes de terre, du chanvre, des légumes, les profits qui naîtront de la consommation des fourrages des prairies artificielles, de la multiplication et de la vente des bestiaux, etc. Ne dois-je pas encore compter pour un très-grand avantage l'emploi d'une moindre quantité de travail? car moins on a de champs à labourer et à semer, plus on économise du temps; et, s'il faut à-peu-près neuf journées pour labourer et semer un arpent, il n'en faut que deux au plus pour le faucher. Cette épargne du temps est d'un grand prix dans une contrée où les cultivateurs se plaignent tant de la disette des bras. »

Je vois, par un troisième écrit sur le même objet, qu'avec le mode de culture, dont la Société

démontroit aussi solidement les graves inconvéniens, un domaine ne pouvoit être fumé en
totalité qu'une fois dans l'espace de quinze ans.

Convaincue que la prospérité de l'agriculture
dépend absolument de l'abondance des engrais,
la Société n'a rien négligé pour éclairer les cultivateurs sur un objet d'une aussi haute importance.
Elle s'est empressée de publier un très-bon mémoire rédigé par un de ses membres. L'auteur y
déclare que les connoissances qu'il a acquises en
agriculture l'ont convaincu qu'un des plus puis-
sans moyens d'accréditer le système, aussi brillant qu'utile, de la suppression des jachères, est
la multiplication et le sage emploi des engrais ;
qu'à quelque degré de perfection que soit portée
l'agriculture, on ne peut sans leur secours se
promettre de ranimer les sources de la fécondité ;
qu'une longue suite d'observations a démontré que
les terres compactes, celles dont les molécules
sont si adhérentes qu'elles retiennent les eaux avec
surabondance, doivent être froides ; qu'elles ont
besoin d'engrais chauds ; que les fumiers froids
resserrent par leur viscosité celles qui, sèches ou
trop divisées, ne peuvent fournir au chevelu des
plantes la nutrition nécessaire, et que des expériences sans nombre ont prouvé que l'amal-
game des engrais chauds avec les froids peut

B

redonner une nouvelle vie aux terres les plus appauvries.

Après avoir posé ces principes, l'auteur présente une analyse descriptive des engrais naturels et artificiels des trois règnes ; il expose la manière de les multiplier et de les façonner, selon l'analogie qu'ils ont entre eux, et il traite de l'art de les employer d'après les variétés des terres des Hautes-Alpes.

Il insiste particulièrement sur la marne, dont les cultivateurs des Hautes-Alpes ignorent que leur département renferme de riches et nombreux dépôts. Il fait connoître quatre-vingt-deux contrées dans lesquelles on peut ouvrir des marnières. Il donne la description de la marne de chacune de ces quatre-vingt-deux contrées. Il assure qu'il auroit pu en augmenter le nombre de plus de quarante. Il annonce que ceux qui désireront être éclairés sur la nature des recherches et des essais qu'ils voudront tenter pourront envoyer à M. le préfet divers échantillons des marnes qu'ils auront trouvées ; que les uns serviront aux essais nécessaires pour constater leur qualité et la nature des terreins dans lesquels on doit les employer, et que les autres seront déposés dans la collection départementale des substances minérales susceptibles d'être employées dans l'agriculture, les

arts ou l'industrie manufacturière. Il indique les
moyens de distinguer la bonne marne de la mauvaise , ses propriétés , la manière de l'employer.
Il termine cet intéressant article , en observant
que , si le marnage produit des effets précieux ,
le cultivateur ne peut ni ne doit l'employer , sans
y avoir mûrement réfléchi ; qu'il doit se conduire
avec réserve et avoir toujours étudié la nature de
la marne , celle de son terrein , son exposition ,
sa pente et l'écoulement des eaux.

Il conseille aussi l'usage du plâtre , sur-tout pour
les plantes propres à la nourriture des bestiaux. Il
cite de grandes plaines du département de l'Isère
que leur aridité rendoit stériles , et qui produisent
annuellement des fourrages en abondance ou de
belles moissons , depuis qu'on y répand du plâtre.
Il les propose pour modèle à plusieurs communes
des Hautes-Alpes , dans lesquelles on voit des
plaines arides , sans aucune trace de culture , ou
dont les productions dédommagent à peine des
frais du peu de culture qu'on y aperçoit.

Irrigation.

On trouve sur toutes les parties de la France
des traces de l'heureuse influence que vous avez
eue , Messieurs , sur les améliorations de l'agriculture. Vous avez toujours regardé le perfection-

nement des irrigations comme une des plus intéres-
santes. Vous aviez appris que le sieur *Deserbeys*
avoit construit un canal d'irrigation très-impor-
tant dans le département des Hautes-Alpes. Vous
avez désiré être éclairés sur tout ce qui étoit re-
latif à ce canal. Instruits que le sieur *Deserbeys*,
avec une dépense de 75,000 francs, étoit parvenu
à faire arroser dix-huit cents setérées, et à élever
à 4 et même à 500 francs le prix de chacune de
ces setérées qui, avant son canal, ne se vendoient
que de 40 à 50 francs ; que sa commune, l'une
des plus pauvres de son canton, étoit devenue une
des plus aisées, et que la construction de son canal
avoit excité l'émulation des communes voisines,
vous avez décerné une médaille d'or à l'auteur
d'aussi utiles travaux.

La Société d'Émulation a inséré dans le premier numéro de son Journal la série de vos questions, les réponses qui vous avoient été faites, et
l'annonce de l'honneur que vous aviez déféré au
sieur *Deserbeys*.

Quoique les résultats des travaux de cet agriculteur eussent été tellement avantageux qu'ils
devoient entraîner tous les autres, quoique les
ravages effrayans des torrens fissent sentir aux
habitans du département des Hautes-Alpes, plus
qu'à ceux des autres départemens, la nécessité de

contenir les eaux et de changer un aussi terrible instrument de destruction en un moyen de fécondité, l'émulation excitée par la construction du canal du sieur *Deserbeys* n'avoit été que passagère, et les essais de quatre communes voisines de la sienne n'avoient pas été heureux. La Société d'Émulation fut bien convaincue qu'elle devoit faire des efforts proportionnés à l'importance de l'objet; elle appela sans cesse l'attention des cultivateurs sur les digues et les canaux d'arrosage; elle ne publia pas un seul numéro de son Journal, sans leur consacrer un article. L'un de ces articles est un trop bon modèle d'instruction dans cette partie de l'agriculture, pour que je ne le mette pas, Messieurs, sous vos yeux. Il est ainsi conçu : « Dire que les campagnes ne peuvent prospérer qu'autant qu'elles sont vivifiées par des canaux d'arrosage, ce n'est plus là qu'une vérité triviale, dont tous les esprits sont imbus. Chacun sait qu'avec de l'eau on augmente les fourrages, qu'avec plus de fourrages on entretient plus de bestiaux, qu'avec plus de bestiaux on a plus d'engrais, on cultive mieux, on abonde en laitages et en laines, et que par conséquent l'agriculture fleurit dans toutes ses parties. Il ne s'agit donc plus de persuader; il faut exciter l'émulation, vaincre les résistances, applanir les difficultés.

Parmi les difficultés qui se présentent à la confection des canaux d'arrosage , nous remarquons principalement le défaut d'intelligence entre les propriétaires , défaut qui résulte ordinairement des opinions diverses qui s'élèvent sur le mode à adopter pour parvenir au but qu'on veut atteindre. En pareille circonstance on parle beaucoup ; tous conviennent des avantages de l'entreprise ; mais chacun veut faire adopter son système : les esprits s'agitent , s'aigrissent même , et les meilleurs projets restent sans exécution. Offrons à tous des principes puisés dans la nature , dans les usages des divers arrondissemens.

» Si les lumières des agriculteurs ne suffisent pas pour apprécier les obstacles qui peuvent naître, ou de la nature des terreins par où le canal doit passer, ou des dépenses, qu'ils s'adressent à l'autorité, toujours empressée à accueillir tout ce qui peut tendre au progrès de l'agriculture , et des gens de l'art seront envoyés sur les lieux pour préciser les uns et les autres , et pour indiquer les avantages du projet, en les balançant avec les moyens d'exécution , les dépenses et les ressources des habitans. Dans le cas où les obstacles seroient de peu de conséquence , il suffira du concert des intéressés pour donner le premier mouvement.

» Mais ce concert existe-t-il toujours ? Est-il facile, lorsqu'il y a un grand nombre de propriétaires? Parviennent ils à s'entendre, même à se réunir, si on ne leur en prépare les moyens? C'est ici où l'autorité paternelle des maires doit se montrer : ils doivent aller au-delà des vœux de leurs administrés. Dans les projets utiles il est glorieux de prendre l'initiative. Il faut donc qu'ils emploient leur zèle à détruire les premières difficultés, en provoquant des réunions, des conférences entre les hommes les plus sages parmi les intéressés. Ils doivent faire plus : il leur appartient de solliciter l'autorisation de faire délibérer les conseils municipaux ou les propriétaires ; et le maire, quand même il n'auroit aucun intérêt direct à l'entreprise, doit toujours mettre au rang de ses devoirs le soin d'en exposer le premier tous les avantages. Combien ces attentions, ces prévenances feroient éclore d'idées neuves qui germent inutilement dans la tête de citoyens isolés ! »

Un projet de règlement, composé de quarante-cinq articles, est à la suite de ces sages réflexions. L'idée en est extrêmement ingénieuse. Ce qui peut être utile à toutes les espèces d'associations pour la construction et l'entretien des canaux d'arrosage y est prévu.

Vous vous rappelez sans doute, Messieurs, les

étonnans travaux d'irrigation de M. *Rattier*, auxquels vous avez applaudi dans votre dernière distribution de prix. Vous avez été indignés des obstacles de tous les genres qu'il a eus à vaincre, des persécutions auxquelles il a été exposé, et des pertes immenses qu'il a essuyées. Il avoit été, sous l'ancien Gouvernement, traité en ennemi public, précisément pour les travaux que vous avez couronnés. A la vérité, M. le préfet du Loir-et-Cher avoit réparé ses malheurs autant qu'il avoit été en son pouvoir ; mais la justice que cet administrateur lui a rendue n'a pu que lui procurer de foibles dédommagemens, et dans son département l'art de l'irrigation est resté dans l'enfance ; tandis que, si les autorités, sous les yeux desquelles il a commencé à exécuter ses travaux, avoient été aussi empressées d'accueillir tout ce qui tendoit au progrès de l'agriculture que le font depuis cinq ans celles du département des Hautes-Alpes ; s'il avoit été environné de ces attentions et de ces prévenances, dont je viens de mettre sous vos yeux l'intéressante description, non seulement il auroit fait une brillante fortune qu'il ne devroit qu'à son industrie agricole, mais ses voisins se seroient enrichis à son exemple, et, dans tout son département, des prairies fécondes et des plantations magnifiques couvriroient des terres qui sont entièrement stériles, ou qui ne produisent presque rien.

Amélioration des Bêtes à laine.

L'amélioration des bestiaux étoit une des révolutions les plus difficiles à produire dans le département des Hautes-Alpes, parce qu'embrassant plus de branches que les autres parties de l'agriculture, elle offroit plus de préjugés à vaincre, plus de routines à déraciner. La Société d'Emulation a éclairé toutes ces branches par les excellentes instructions qu'elle a publiées.

Vous venez, Messieurs, de voir avec quel soin elle a indiqué aux propriétaires de son département les moyens généraux de se procurer d'abondans fourrages. La première de ses instructions sur l'amélioration des bêtes à laine a eu pour objet de leur démontrer combien ils entendoient mal leurs intérêts, en affermant leurs pâturages à des étrangers. Je vous ferois connoître trop imparfaitement son ouvrage en l'analysant; je vais en transcrire le morceau qui m'a paru le plus frappant.

« Les habitans des Hautes-Alpes possèdent des richesses qui suffiroient pour leur donner de l'aisance.

» La nature a pour ainsi dire distribué ses rigueurs et ses faveurs entre deux contrées qui se touchent. Les départemens de la ci-devant Provence ne peuvent conserver pendant l'été les bestiaux dans leurs pâturages; l'ardeur du soleil dessèche les herbes qui y croissent : le département des Hautes-Alpes, au contraire, n'a pour lui que l'été; après cette saison, ses pâturages sont couverts de neige et de frimats.

» Il eût donc été juste que ces départemens eussent partagé les profits des bestiaux élevés successivement dans chaque territoire; cependant les premiers en jouissent presque entièrement. Ils envoient dans les cantons des Hautes-Alpes, vers le printemps, de nombreux troupeaux qui y demeurent jusqu'aux approches de l'hiver; ils y louent ces pâturages, et mettent ainsi ce pays à contribution par leur industrie : ce sont des agens qui ruinent leur maître, parce qu'ils entretiennent son indolence.

» Leurs bergers amènent avec eux environ deux cent mille bêtes à laine ; leurs profits s'élèvent à plus de 500,000 francs qui sont perdus pour les Hautes-Alpes, et que les naturels du pays pourroient accroître au-delà du double, en élevant eux-mêmes les bestiaux, et en établissant des manufactures.

» Il est temps de donner l'impulsion à ces hommes

foibles qui, contens d'un prix de ferme annuel, renoncent à des biens incommensurables , à ces hommes qui, propriétaires du sol, sont les mercenaires de l'industrie. Il est temps de les retirer de leur sommeil, et de leur donner un fonds permanent, en arrêtant cette spoliation déguisée, cette spoliation combinée sur leur pauvreté et leur ignorance.

» Il faut qu'ils profitent de ces pâturages ; qu'ils se rendent les souverains de ces troupeaux nombreux ; que, dès le printemps, ils se procurent des agneaux d'Arles ; qu'ils les gardent jusqu'aux approches de l'hiver, pour les revendre ensuite à ces mêmes habitans d'Arles et des environs, en conservant néanmoins le plus grand nombre qu'ils pourront nourrir dans leurs bergeries. Il faut qu'ils augmentent leurs fourrages par l'augmentation des prairies artificielles, si favorables à la bonne culture : ils pourront aussi, usant de représailles, à l'exemple des habitans de Barcelonnette, affermer pendant la triste saison une partie des vastes plaines de la Provence, qui sont respectées par la neige et les frimats, et multiplier leurs richesses par ce moyen (1). »

____

(1) La proposition de l'échange entre les pâturages des montagnes des Alpes et ceux des plaines de la Provence

Les bêtes à laine d'Arles étoient les plus renommées de celles de tous les départemens environnans celui des Hautes-Alpes. Leur croisement
avec celles tout-à-fait dégénérées de ce département a été l'objet des premiers conseils de la Société d'Emulation, parce que c'étoit l'opération
la moins dispendieuse et la plus facile ; elle a ensuite appelé l'attention des cultivateurs sur les
mérinos. Elle a fait insérer dans son Journal
un extrait de tout ce que vous avez fait publier,
Messieurs, sur cette partie importante de l'A-
griculture.

Dès l'an XIII, elle a pu proposer pour modèle
un agriculteur très-intelligent du département des
Hautes-Alpes : il venoit d'en faire un essai qui
lui avoit complètement réussi. La Société a inséré
dans son Journal une lettre qu'il avoit écrite à
M. le préfet, et dont voici quelques passages.

« Combien il est à désirer que l'on écarte tout
préjugé contre des animaux si précieux ! Ils sem-
blent être nés pour multiplier dans ce département de la manière la plus heureuse : si on leur

---

est très-sage. L'isolement affoiblit les hommes ; la société multiplie leurs forces. Lorsque l'industrie est ex-
clusive, elle n'est établie que sur des bases fragiles ; elle
ne peut trouver de la solidité que sur des avantages ré-
ciproques. Les dupes finissent toujours par s'éclairer.

donne une bonne nourriture pendant la mauvaise saison, ils dédommagent amplement de ce sur-croît de dépense par le prix considérable de leur toison ; mais si on les nourrit de paille et de feuilles, comme ceux du pays, ils dépériront et n'auront qu'une laine inférieure et en petite quantité : alors on assurera qu'ils ne peuvent vivre et prospérer dans notre climat. Cependant je puis certifier qu'un troupeau de mérinos bien entretenu, composé de cent bêtes, rapportera 2,400 francs uniquement de ses toisons. C'est au colon éclairé sur ses intérêts à juger du nombre qu'il peut entretenir, sans spéculer sur l'économie de leur nourriture.

» Le prix excessif d'un mérinos présentera un grand obstacle à l'agriculteur qui n'a qu'un petit héritage ; il n'osera hasarder une spéculation qui amèneroit l'aisance dans sa famille, en eût-il même les moyens. Mais il y a une voie beaucoup moins dispendieuse, qui est à la portée du pauvre comme du riche, et par laquelle il peut parvenir à se procurer à peu de frais une race pure ; il ne s'agit que de se pourvoir d'un belier métis pour l'accoupler à vingt-cinq ou trente brebis indi-gènes. Les agneaux, tondus à dix-huit mois, four-niront, par la seule vente de leurs toisons, un be-lier de race pure : alors, avec des soins, on parviendra, dans un laps de temps très-court, à avoir de la laine superfine.

» Notre troupeau a réussi au-delà de nos espérances. Nos métis, provenus d'un belier espagnol, ont donné dix livres par toison, lesquelles à 2 francs 25 centimes la livre, prix qu'on nous en a offert en suint, font la somme de 22 francs que rend chaque métis. Je n'exagère pas quand j'évalue la toison d'un mérinos 24 francs.

» L'année dernière nous avons donné un belier métis à des brebis communes : les toisons de leurs agneaux ont eu le double de laine. Cette laine égale en beauté et en finesse les aguelins qu'on fait venir de Hambourg pour les chapeaux. J'en ai envoyé, il y a peu de temps, pour épreuve, à M. Lamotte, fabricant à Gap. J'espère que les mêmes agneaux me donneront l'année prochaine des toisons de 12 francs pièce. »

Encouragé par un aussi brillant succès, et instruit qu'il existoit dans le département de la Doire, à la Mandria, près Turin, un troupeau considérable et très-florissant de bêtes à laine de race d'Espagne, le même agriculteur n'hésita pas à se transporter à la Mandria. La Société d'Emulation s'empressa de consigner dans son Journal la lettre par laquelle il rendoit compte à M. le préfet de cette deuxième spéculation.

« Les huit beliers et les trente brebis que j'ai obtenus de la Société de la Mandria , disoit cet agriculteur, tant pour plusieurs personnes que pour moi, sont infiniment plus beaux que ceux que j'avois amenés l'automne dernier.

» Je suis convenu avec cette Société que les toisons des bêtes qui m'ont été remises, ainsi que celles des individus provenant de leur troupeau , seront payées à leurs manufactures au prix de 3 francs 5o centimes la livre en suint, à condition cependant que , par une mauvaise tenue , il n'y aura pas de dégradation dans la laine, et qu'à chaque toison le crottin sera parfaitement enlevé.

» La laine de métis , première génération , sera payée 2 francs la livre ;

» Celle de la deuxième 2 francs 5o centimes ;

» Celle de la troisième 3 francs, toujours en suint.

» Un débouché aussi avantageux doit pleinement rassurer les personnes qui s'occupent de l'éducation des mérinos, ainsi que du croisement.

» Depuis que la race des mérinos est répandue en France , il a paru beaucoup d'ouvrages qui ont traité avec le plus grand détail des avantages qu'on peut en retirer, de la conduite, des dépenses et du revenu. Je ne ferai donc que répéter un calcul que beaucoup d'agriculteurs ont déjà fait, afin de mettre en comparaison le profit d'un troupeau de mérinos avec celui qui sera composé de la race des Hautes-Alpes. Je suppose vingt-cinq brebis et un belier à chacun de ces deux troupeaux. »

Frais annuels pour la race espagnole.

75 quintaux de foin, à 3 francs. . . . . . . 252 fr.   c.
2 quintaux d'avoine, à 8 francs. 16
1 quintal de son. 5
25 livres de sel. 2

Total de la dépense. . . . 275 fr.

Rentrée.

Tonte d'un belier, 9 livres de laine en suint,
à 3 francs 50 centimes. . . . . 31 fr. 50 c.
Tonte de 25 brebis, 150 livres. 525

Total. . . . . . . 556 fr. 50 c.
Frais à déduire. 275

Revenu net. . . . . 281 fr. 50 c.

Intérêt du capital, 8 et demi pour cent.
Il y a encore le profit des agneaux et des fumiers.
, Au bout de dix-huit mois, par la tonte des agneaux, le revenu double, par conséquent l'intérêt du capital.

Frais

Frais annuels de la race des Hautes-Alpes.

75 quintaux mêlés , à 2 francs 50 centimes. 187 fr. 5o c.
25 livres de sel.   2
                              Total. . . . . . . 189 fr. 5o c.

Rentrée.

1 belier, 5 livres de laine , à 85 centimes.   4 fr. 25 c.
25 brebis , 75 livres de laine. 63   75
                          Total. . . . . 68 fr.
                          Frais annuels. . . . . 189 fr. 5o c.
                          Déficit. . . . . . 121 fr. 5o c.

Enfin , M. le Préfet a fait rédiger par un vétérinaire une instruction très-détaillée sur l'art d'a-
méliorer et de conserver les bêtes à laine fine , et
la Société d'Emulation l'a insérée dans son Journal. L'indication des objets de cette instruction
suffira pour vous prouver, Messieurs, que rien
n'y a été oublié. L'artiste y a traité de la confor-
mation extérieure du mérinos , des races indi-
gènes , des différentes voies d'amélioration , de
la lutte , de la gestation, de la mise bas , du se-
vrage , de la manière de classer , de réformer et
de recruter un troupeau , des causes qui donnent
lieu aux maladies générales des bêtes à laine , et
des moyens de les prévenir.

Amélioration des Bêtes à cornes.

Les bêtes à cornes étoient également dégénérées dans le département des Hautes-Alpes. M. le
préfet pensa que son climat conviendroit parfaitement à celles de la Suisse. Il sentit que des
conseils ne suffiroient pas pour introduire une in-
novation de ce genre. Il obtint de S. Ex. le Ministre
de l'intérieur l'avance d'un fonds pour faire venir
tingt bêtes à cornes de tout sexe de la plus belle
race helvétique. Elles furent achetées avec le plus
grand soin ; la répartition en fut faite dans les
communes dont les cultivateurs se livrent particulièrement à l'éducation des bêtes à cornes. Elles
furent d'abord accueillies avec une espèce d'enthousiasme ; elles étoient l'objet de la curiosité
universelle ; on admiroit les proportions et la
grosseur démesurées de leur taille comparative-
ment à celle de l'espèce indigène. Mais l'ignorance, la paresse et la mauvaise foi firent bientôt
évanouir cet enthousiasme , et finirent par lui
substituer une foule de préventions toutes plus
ridicules les unes que les autres. Sans la fermeté
de l'administrateur qui avoit imaginé cette utile
opération , elle auroit eu le sort de beaucoup
d'autres qui n'ont été que des germes étouffés à
leur naissance, parce qu'on n'a ni surveillé ni

protégé leur développement. M. le préfet ne se borna pas à une instruction qu'il fit rédiger par un vétérinaire ; il rassembla dans trois arrêtés toutes les précautions possibles de police, de répression et d'encouragement.

Par le premier, il ordonna aux maires de fixer le prix du saut ; il défendit aux gardiens des taureaux de les faire saillir plus de trois fois dans les vingt-quatre heures, et il exigea un intervalle de quatre heures entre chaque saillie.

Par le deuxième, il rendit les gardiens des taureaux responsables des accidens qui arriveroient à ces animaux, lorsqu'il seroit prouvé que ces accidens seroient dûs à la négligence, à la mauvaise qualité des alimens, ou à la soustraction d'une portion de nourriture, et il soumit quiconque se chargeroit de la garde d'un taureau de race suisse à la présentation d'une caution.

Par le troisième, il ordonna, d'après l'autorisation de S. Ex. le Ministre de l'intérieur, une distribution de primes aux cultivateurs qui présenteroient à la foire de Gap les plus beaux godins et les plus belles génisses provenant du croisement des vaches indigènes avec les taureaux de la race suisse.

Le système de l'amélioration des bêtes à laine et des bêtes à cornes a été complété par de nombreux écrits sur la mauvaise construction des étables, sur leur malpropreté, sur les moyens de les désinfecter, sur les diverses maladies, et sur les moyens de les guérir.

M. le préfet et la Société d'Emulation ont surtout porté leur attention sur la maladie du claveau. « Plusieurs expériences soignées et bien constatées (ce sont les expressions de cultivateurs intelligens et de vétérinaires habiles) ont prouvé que l'inoculation du claveau est un préservatif contre cette maladie. » La manière dont ces expériences se sont faites et leurs résultats ont été rendus publics. M. le préfet a cru devoir en instruire S. Ex. le Ministre de l'intérieur, qui lui a répondu, le 9 janvier 1809, « qu'il avoit vu avec satisfaction que les propriétaires des troupeaux de son département obtenoient chaque jour les résultats les plus satisfaisans de l'inoculation du claveau aux bêtes à laine ; que ce moyen, employé dans quelques établisemens nationaux de mérinos, et tout récemment dans celui de la Loire-Inférieure, l'avoit été constamment avec succès, et qu'il l'invitoit à ne pas cesser d'en recommander l'usage à ses administrés (1). »

____

(1) Les expériences sur l'inoculation du claveau n'ont pas eu des résultats aussi heureux dans d'autres départe-

Restauration des Bois.

Il n'en est pas des bois comme des autres productions de l'industrie agricole. Dans l'année même où une terre est mieux labourée et fumée, elle donne de meilleures récoltes ; quelques jours d'arrosage fécondent une prairie naturelle ; un mois ou deux suffisent pour en former une artificielle ; une bonne nourriture et des soins commencent sur-le-champ, dans les bestiaux dégénérés, une amélioration qu'un croisement bien entendu conduit très-rapidement au plus haut degré de perfection : mais plusieurs générations s'écoulent nécessairement avant que les maux entraînés par la destruction des bois soient réparés, et malheureusement l'égoïsme imprévoyant qui les a fait naître devient un obstacle à leur réparation. On a cru se procurer, par l'arrachement des bois, des jouissances plus promptes, plus éten-

---

mens. D'un côté, l'innocuité des tentatives, d'un autre, la certitude de succès garantis par des hommes très-instruits ne peuvent qu'encourager les agriculteurs. Pourquoi se refuseroit-on à la consolante idée qu'il existe contre toutes les maladies des remèdes préservatifs et curatifs ? Cherchons-les avec une inébranlable constance, et ne plions jamais, en timides esclaves, la tête sous le joug des maux.

dues. On ne veut pas se livrer à des travaux, à des dépenses dont on ne croit pas recueillir personnellement les fruits. On est bien éloigné de voir dans les bois des protecteurs de ses autres genres de propriété. Tel cultivateur, après avoir trouvé les apparences d'une spéculation utile dans les premières années de l'arrachement d'un bois qui dominoit une terre fertile, est très-étonné, non-seulement de la stérilité d'un terrein dans lequel il avoit placé de fausses espérances, mais même de voir se dégrader successivement celui qui est au-dessous, et, pour avoir voulu doubler ses jouissances, d'être menacé de n'en plus avoir. Ce genre de calamité s'étoit plus fait sentir dans le département des Hautes-Alpes que dans tout autre. La Société d'Emulation s'en est servie pour ébranler fortement les imaginations ; elle a signalé à ses concitoyens les milliers de torrens formés depuis la dévastation des bois comme des ennemis qui portoient la dévastation sur toutes leurs propriétés ; elle leur a fait sentir la nécessité de les combattre sans cesse ; elle leur a présenté les bois en masse et les arbres plantés le long de ces torrens, comme les garanties les moins dispendieuses et les plus sûres contre la formation de nouveaux et les ravages de ceux qui existoient ; elle leur a développé, sous toutes les formes, les suites fu-

nestes de l'extrême pénurie de bois qu'ils éprou-
voient ; elle leur a démontré que , sans combustible , ils ne pouvoient avoir ni agriculture ni industrie. Il n'a pas paru un seul numéro de son
Journal , sans les plus pressantes exhortations de
faire des plantations. « Plantez, nos chers concitoyens, leur disoit-elle en 1806 , plantez à la naissance et le long des torrens , plantez sur vos montagnes , plantez dans vos terreins vagues , plantez
sur les bords des grandes routes et des chemins
vicinaux ; faites des vergers , plantez par-tout où
il vous sera possible : nous ne cesserons de vous
répéter que vous ne pouvez rien faire de plus
utile. »

Ces exhortations sont aussi sages qu'énergiques.
Il n'existe pas un propriétaire qui ne puisse profiter de quelqu'une d'elles. Il y a beaucoup de domaines dans lesquels se trouvent des terreins plus
ou moins élevés qui ne peuvent produire que des
bois. Tous sont percés par des chemins et contiennent des terres vagues qui peuvent être plantées.
On ne sait pas assez à quel point l'existence ou
le défaut de bois dans un domaine en augmente
ou en diminue la valeur. Quelque peu considérable qu'il soit, si son propriétaire est intelligent,
il doit y préparer le chauffage du cultivateur , le
bois de charpente pour les réparations ou recons-

tructions, et même quelques-ressources extraor-
dinaires:

La Société d'Emulation a été secondée par M. le
préfet sur ce point comme sur tous les autres. Il
a formé une pépinière dans laquelle on a élevé
jusqu'à cent vingt mille sujets de toute espèce. Ce
bel établissement a ainsi été en état de fournir à
une grande partie des besoins du département, et
très-propre à inspirer le goût des pépinières. Ce
qui doit au surplus encourager dans tous les
départemens de l'Empire les administrations à
former des pépinières, c'est l'assurance donnée
par M. le préfet des Hautes-Alpes, le 6 mars 1809,
dans le compte moral par lui présenté au Conseil
général, que, « dans peu d'années, après avoir
soldé les dépenses de la pépinière départementale,
et alimenté un fonds de réserve pour son amélioration, on aura de quoi donner des secours aux
communes et aux particuliers qui se livrent à de
grands travaux pour protéger leurs propriétés
contre l'irruption des torrens. »

En même temps que, par la création d'une
magnifique pépinière, il fournissoit aux particuliers des moyens d'effectuer les plantations que
la Société d'Emulation leur recommandoit avec
tant d'instance, il employoit le pouvoir dont il
etoit revêtu pour conserver les arbres plantés, et

pour en faire planter dans les propriétés sur lesquelles il avoit une action directe. Par un arrêté
du 19 février 1806, il a mis en réserve tous bois
et plantations de la nature ou de l'art qui appartenoient à des communes sur le bord des rivières
et torrens ; il a défendu de les couper en tout ou
en partie, sans une permission intervenue d'après
la demande du maire, le rapport des agens fo-
restiers et l'avis du sous-préfet ; il a également
défendu d'y mener aucun troupeau ; il a imposé
aux communes l'obligation de faire planter, sur
une largeur de trois mètres au moins, des plan-
çons de saules, peupliers, aunes et autres arbres,
par-tout où il n'existe plus sur des terreins communaux, sur le bord des rivières et torrens, ni
bois ni plantations, et il a imposé la même obligation à tous ceux qui jouissoient de terreins sur
le bord des rivières et torrens, d'après les par-
tages faits en vertu des lois des 10 juin 1793 et
9 ventose an XII.

Exploitation des Mines de houille.

Ce n'étoit point assez de préparer des ressources
pour l'avenir ; il falloit pourvoir aux besoins de la
génération actuelle. Le département des Hautes-
Alpes est riche en mines de houille ; mais elles
étoient peu connues et mal exploitées. Des mé-

moires très-bien faits par l'ingénieur en chef de ce département sur leur exploitation ont été publiés en l'an XII et en l'an XIII.

« Forcé de chercher dans l'industrie manufacturière un supplément aux richesses de son sol, disoit ce savant dans le début de son premier mémoire, le département des Hautes-Alpes éprouve le plus grand besoin des combustibles, sans lesquels il est difficile, je dis plus, sans lesquels il est impossible qu'aucune fabrique puisse s'élever et fleurir. Le bois devient de jour en jour plus rare dans ces contrées : des cantons entiers en sont totalement privés ; ceux même qui en avoient les ont vu dévaster dans ces derniers temps ; bientôt les foibles vestiges qui en restent seront encore anéantis, et la dévastation deviendra générale. Quelles seront nos ressources contre une telle privation dans un pays où les hivers sont longs et rigoureux ? En vain jetterions-nous des regards avides et désespérés autour de nous, si, toujours bienfaisante, la nature n'avoit encore daigné nous préparer une ressource assurée contre notre misère, en déposant dans le sein de la terre des amas de houille, ce combustible le plus généreux et le plus utile aux arts et aux manufactures. Hâtons-nous donc de mettre à profit cette source de richesse. Recourons à ce trésor qui nous a été ménagé. Ouvrons les entrailles de la terre, et, en y puisant l'aliment nécessaire à nos foyers , apprenons du moins à ménager nos forêts , à en activer le repeuplement, ou à en faciliter la reproduction.

» La houille existe dans le département des Hautes-Alpes. Il est peu de bassins qui n'en offrent des amas plus ou moins considérables. La nécessité de pourvoir aux besoins journaliers des habitans, la consommation indispensable d'une grande quantité de combustible pour les arts les plus importans , l'influence très-marquée du prix de ce combustible sur les produits de nos fabriques , et par conséquent sur la balance , nous forçant de recourir à l'usage de la houille , quels seront les moyens de tirer des mines de ce département tous les bénéfices qu'on en doit attendre ? »

Après avoir ainsi fait sentir, en sage administrateur, la nécessité d'employer la houille et ses avantages, cet ingénieur dévoila en homme éclairé, dans ce premier mémoire et dans un deuxième qui fut publié quelques mois après, les vices des essais qui avoient été déjà tentés , et donna le modèle d'une bonne exploitation.

Divers objets d'Économie rurale.

J'ai cru , Messieurs, devoir donner quelques développemens aux instructions que la Société d'Emulation des Hautes-Alpes a répandues parmi ses concitoyens sur la suppression des jachères, les engrais, les prairies artificielles, les prairies naturelles, l'amélioration des bestiaux, la restauration des bois, et la nécessité de bien exploiter leurs mines de houille. Cependant je n'ai pu vous faire connoître tout ce qu'elles contiennent d'intéressant, relativement à ces grandes bases de l'agriculture. Cette Société a publié une foule d'articles sur des objets d'industrie et d'économie agricoles. Je ne vous citerai que les titres d'une partie, et je ne ferai des observations que sur un très-petit nombre de ceux qui me paroissent mériter plus particulièrement votre attention.

Les chemins vicinaux pour les réparations desquels l'émulation des maires étoit excitée par la distribution de deux prix, l'un de 200 francs et l'autre de 150 francs, qui devoient être distribués à ceux qui se seroient le plus distingués, l'engrais salin, les ravages de la carie qui avoient détruit jusqu'à la moitié de la récolte dans uue grande partie du département des Hautes-Alpes, le chaulage, dont la méthode y étoit inconnue, la culture de la vigne et l'amélioration des vins, un moyen peu dispendieux de débarrasser les terres des pierres qui empêchent de les labourer à charrue courante, la culture de la garance, celle du mû-

rier, celle de l'amandier, qui avoit jadis pros-
péré dans ce département et qui y dépérissoit,
celle de l'orme, frappé d'une telle proscription,
qu'on ne trouvoit dans les Hautes-Alpes que ce qui
y croissoit spontanément; les abeilles, pour la
conduite desquelles des extraits de l'ouvrage de
M. *Lombard* ont été publiés avec l'annonce
qu'une de ses ruches étoit déposée dans les bu-
reaux de chaque sous-préfecture et de la Société;
la mauvaise construction des fours, la manière
de bien soigner les bestiaux, la description de
celle de faire les diverses espèces de fromage les
plus renommées, une nouvelle méthode très-
simple de préparer le chanvre qui donne au plus
grossier les qualités du plus parfait, l'utilité de
l'orobe, la culture du navet de Suède, les moyens
par lesquels les habitans des villages peuvent contenir les torrens secondaires sans aucun ouvrage
d'art avec leurs pelles, leurs pioches et quelques
brouettes; une association pour l'établissement
d'une manufacture dans la maison de détention
d'Embrun, dont une des principales destinations
étoit l'encouragement de l'amélioration des laines;
la proposition d'un prix de 500 francs pour le
meilleur Mémoire qui feroit connoître un moyen
de fabriquer des cuirs, sans faire usage du tan :
tels ont été les objets de mémoires descriptifs,

d'annonces d'essais ou de résultats, et de programmes.

La Société a même publié un Mémoire sur la propreté ; au seul titre on pourroit être tenté de croire qu'un pareil travail est plus singulier qu'utile. Le passage qui suit fera sentir son importance.

« Nous avons dans ce département, dit l'auteur de ce Mémoire, des cantons dont les habitans portent avec eux une odeur infecte et nauséabonde, assez forte pour se faire sentir à une grande distance : en général, quoique forts et vigoureux, ils sont pâles et décolorés. La gale est fréquente chez eux ; ils sont très-sujets à la bouffissure des jambes. Ils ne doivent ces accidens qu'à la malpropreté et au manque de linge. » .

Un des objets les plus piquans, dont la Société d'Emulation se soit occupée, est l'émigration périodique d'une partie de la population du département des Hautes-Alpes. Il avoit été proposé un prix pour la solution de ces questions :

1º. L'histoire, ou, à son défaut, la tradition, fait-elle connoître le commencement de cette émigration?

2º. Quels sont les cantons qui fournissent le plus à l'émigration ?

3º. Quel genre d'industrie emploient plus particulièrement, dans leurs courses, les émigrans de chaque canton ?

4º. Quel est leur nombre approximatif ?

5º. Les émigrations ont-elles augmenté ou diminué ?

6º. Quels en sont les motifs ?

7°. Offrent-elles plus d'avantages que d'inconvéniens ?

8º. Si elles sont nuisibles, de quels moyens peut-on se servir pour les faire cesser ?

9°. Ces moyens se trouvent ils sur les lieux mêmes ?

10º. Faut-il les chercher loin du pays natal des émigrans ?

Un des membres de la Société d'Emulation s'est livré à de très-grandes recherches sur ces émigrations. Je me bornerai, Messieurs, à mettre sous vos yeux les principaux résultats de ce travail.

Le nombre des émigrans est de quatre mille trois cent dix-neuf ; ils rapportent dans leurs foyers 920,182 francs, ce qui forme environ 212 francs par individu. L'arrondissement de Briançon a deux mille trois cent soixante-quatorze individus dans les émigrans, et 539,000 francs dans les bénéfices ; celui d'Embrun six cent soixante-trois dans les premiers, et 138,812 francs dans les se-

conds ; Gap douze cent quatre-vingt-deux émigrans , et 242,370 francs de bénéfice. L'émigration a diminué, même cessé dans plusieurs communes au fur et à mesure de l'aisance qui s'y
introduisoit.

L'auteur de ces recherches les a étendues sur
les ouvriers étrangers qui viennent travailler dans
le département des Hautes-Alpes ; leur nombre
est de quatre cent soixante-trois ; leurs bénéfices
s'élèvent à 50,000 francs.

Les courses des émigrans commencent à la fin
de l'automne , et durent cinq mois. Les ouvriers
étrangers viennent dans le département au printemps , et le quittent avant l'hiver.

Il est à désirer que la solution des questions
proposées se complète , et que de pareilles questions soient proposées dans les départemens qui
éprouvent aussi des émigrations périodiques.

Vous applaudirez sûrement , Messieurs, aux
réflexions que la Société d'Emulation a faites, dans
la quatrième année de son existence, sur l'utilité
des Sociétés d'Agriculture et sur ses travaux per-
sonnels.

« Si la prospérité de l'agriculture , disoit cette
Société, est le fruit de l'encouragement qu'elle
reçoit du Gouvernement, on doit reconnoître
aussi que les Sociétés d'agriculture établies dans

la

la plupart des départemens ne contribuent pas moins à la rendre florissante, et secondent à l'envi les vues bienfaisantes de l'administration. Combien de méthodes vicieuses, de préjugés nuisibles sont attaqués et peu à peu détruits par les journaux qu'elles publient! Combien de plantes nouvelles, d'arbres étrangers, n'ont-elles pas annoncés et introduits dans l'Empire! Si on a étendu ou perfectionné la culture des grains, si on a tenté des expériences qui promettent à la France un surcroît de richesses, n'est-ce pas aux Sociétés savantes que l'on doit principalement ces avantages? C'est en publiant des écrits utiles, en encourageant par leurs éloges les cultivateurs distingués, en proclamant les noms des innovateurs habiles et heureux, qu'elles ont rendu communes et vulgaires des connoissances qui n'appartenoient autrefois qu'à une classe peu nombreuse d'hommes instruits, qu'elles ont excité l'émulation, et inspiré à ceux qui bornoient ordinairement leurs désirs à l'obscurité d'une vie champêtre, la noble ambition de se faire un nom par des essais ou des succès en agriculture.

La Société des Hautes-Alpes a mérité peut-être de n'être pas comptée au dernier rang dans cette lice honorable; elle a même un titre qui la distingue des autres Sociétés, si elle peut s'en faire un de la multiplicité des obstacles qu'il lui a fallu surmonter. Elle a eu à combattre l'ignorance, une foule de préjugés et de vieilles routines plus enracinés dans les Hautes-Alpes que dans les lieux où les arts ont fait plus de progrès et que la nature a plus favorisés. Eloignée du centre des lumières, privée des ressources que fournissent les riches productions d'un sol fertile, ayant à lutter sans cesse contre les plaintes et les réclamations que le besoin du moment semble justifier, et le défaut de moyens autoriser, elle ne s'est pas livrée au découragement ; et, poursuivant imperturbablement sa carrière avec toute la prudence et les soins que demandoient les circonstances, elle s'est appliquée à faire le bien dont étoit susceptible le moment présent, et a indiqué les améliorations que pourroient permettre des temps plus fortunés. Ses travaux n'ont pas été infructueux, et les succès qu'elle a obtenus lui font un devoir de persévérer et d'aspirer à de plus grands. »

S. Ex. le Ministre de l'Intérieur lui a rendu une justice éclatante qui ne pouvoit que l'affermir dans cette résolution. Ce Ministre écrivoit à M. le préfet, dans une première lettre, « qu'il voyoit avec un très-grand plaisir que cette Société savante dirigeoit son attention vers les objets d'utilité les mieux appropriés aux besoins du pays ; »

dans une seconde, « que tous les objets· qu'elle avoit traités étoient intéressans pour l'agriculture, le commerce et les arts, » et dans une troisième, « qu'avec l'amour du bien public dont la Société étoit animée, il n'étoit point à craindre qu'elle perdît de vue le but de son institution, et négligeât jamais de mêler l'utile à l'agréable, et qu'il s'en remettoit à M. le préfet du soin de donner à ses travaux la direction qui étoit la plus appropriée aux besoins de ses administrés. »

Mesures administratives.

Le compte que je vous rends, Messieurs, seroit incomplet, si je ne vous instruisois pas de plusieurs mesures administratives dans lesquelles la Société d'Emulation a trouvé de puissaus auxiliaires.

M. le préfet a ordonné, par plusieurs arrêtés, diverses distributions de prix. La désignation de quelques-uns des sujets de ces prix vous fera connoître le bon esprit qui a présidé à leur choix.

Au maire, ou à l'adjoint qui se sera le plus distingué dans ses fonctions, un buste remarquable de S. M. l'Empereur.

A qui aura fait la plus belle action, une médaille d'or.

A qui aura fait ou perfectionné le travail le plus utile, comme manufactures, exploitation de houille, de tourbe, canaux, digues, etc., une médaille d'or.

A qui aura fait le plus de plantations, notamment sur les terreins en pente et le long des rivières et torrens, une médaille d'or.

A qui aura fait le plus de prairies artificielles, un bel étalon de race.

Pour les meilleurs travaux agricoles après ceux ci-dessus, deux beliers d'Espagne.

Au garde rural ou forestier qui aura le mieux rempli ses devoirs, un habit avec ces mots brodés : *prix du zèle.*

J'ai cité plusieurs écrits intéressans des vétérinaires du département des Hautes - Alpes. Ces artistes ont rendu de grands services qui sont dus à l'art avec lequel M. le préfet a dirigé leurs talens et leur zèle. Il a assigné à chacun d'eux un arrondissement ; il leur a prescrit des visites annuelles dont ils lui rendent compte, et il voit par leurs rapports le bien qui a été fait, celui qui reste à faire, et les moyens de l'exécuter.

La création de voyers communaux n'est pas une institution moins utile que celle des cantonnemens des vétérinaires. Les motifs qui ont donné naissance à ces voyers et les principales dispositions de l'arrêté de M. le préfet méritent également d'être connus.

Le département des Hautes-Alpes est hérissé de hautes montagnes dont les habitans ont presque détruit les forêts et les pâturages.

Il est tourmenté par des torrens et des ravins que les essarts et les dessèchemens ont accrus en nombre, en étendue, en violence.

Les édifices, les communications, les ouvrages d'art ont été négligés, sur-tout pendant la révolution.

La construction et l'entretien des canaux, fontaines, digues, ponts, chemins, pavés, places, rues, plantations, maisons communes et curiales, églises, etc., sont les vrais principes d'amélioration. Il est important de s'y livrer avec un accord et un à-propos qui doublent les facultés.

Le département des Hautes-Alpes a besoin d'une surveillance active de la part de l'administration, et d'un choix d'hommes connus qui puissent être départis en temps utile, à l'effet de dresser les rapports et projets nécessaires, et d'en suivre l'exécution.

Les ingénieurs des ponts et chaussées ont déclaré plusieurs fois que l'activité de leur service ne leur permettoit pas d'exercer cette surveillance.

Il est nécessaire d'attacher à cette partie de la

voierie quelques hommes à qui leurs connoissances et leur probité aient valu la confiance publique, et qui puissent éclairer la religion, se-
conder le zèle et exécuter les décisions des sous-
préfets et des maires.

D'après ces considérations, M. le préfet a créé
des voyers communaux. Il les a chargés de faire
tous les ans deux tournées dans leur arrondissement, l'une au printemps, l'autre en automne;
d'adresser au sous-préfet des rapports sur l'état
où ils trouveront dans les communes les canaux,
fontaines, digues, ponts, chemins, places, rues,
pavés, plantations, édifices communaux civils,
religieux, etc.; de dresser des projets et d'en
suivre l'exécution, suivant les décisions qui in-
terviendront; de s'occuper de la petite voierie
sous la direction des maires, de leur signaler les
contraventions qu'ils auront remarquées dans leurs
tournées, et de leur présenter par écrit des observations relativement aux places publiques, rues,
carrefours, pavés, chemins vicinaux et ruraux, etc.
Il a arrêté que leurs émolumens pour chaque
projet seront fixés par lui, sur un état qui aura
été communiqué aux sous-préfet et maire, et que
chaque voyer aura un traitement fixe qui ne sera
ni au-dessous de 500 francs, ni au-dessus de
800 francs, et que ce traitement sera pris sur les

fonds réservés dans les budjets communaux.

M. le préfet a demandé et obtenu un décret dont les principales dispositions portent que , dans les communes des Hautes-Alpes exposées aux irruptions et débordemens des rivières ou torrens , les maires, après en avoir fait délibérer les Conseils municipaux, se pourvoiront devant lui pour être autorisés à faire les réparations ou autres ouvrages nécessaires ; que , si ces ouvrages n'intéressent que des particuliers, M. le préfet nommera, parmi les propriétaires intéressés , une Commission de cinq individus qui choisiront entre eux un syndic, et délibèreront sur l'utilité ou les inconvéniens des travaux demandés ; que , lorsque les ouvrages intéresseront plusieurs communes , la demande du Conseil municipal de la commune poursuivante sera communiquée aux autres Conseils ; que des ingénieurs visiteront les lieux , et que M. le préfet statuera sur les demandes et ouvrages.

Résultats des instructions de la Société et des mesures administratives.

Vous êtes sans doute impatiens, Messieurs, de savoir quels ont été les résultats de tant de soins et d'efforts : ils ont surpassé en étendue et en rapidité tout ce qu'on pouvoit espérer.

Dès le printemps de la quatrième année de

l'existence de la Société d'Emulation, un de ses membres s'exprimoit en ces termes dans son Journal : « Des cultivateurs ont tenté des expériences que nous avons indiquées, ont tiré de la terre de nouvelles productions que nous avons fait connoître, ou multiplié celles dont la culture étoit déjà connue. D'autres se sont convaincus qu'il ne faut pas toujours prendre pour règle ce qui se pratiquoit anciennement, et sont disposés à profiter des exemples que donneront des cultivateurs intelligens. La routine a moins d'empire, les préjugés moins de pouvoir. Il semble qu'autrefois on n'avoit que des bras ; on commence à ouvrir les yeux ; l'intelligence dirige les forces. Enfin les canaux d'irrigation que l'on construit, les prairies artificielles que l'on forme, les plantations qu'on élève, les divers travaux qu'on entreprend, le succès du croisement des taureaux suisses avec les vaches de ces montagnes, la multiplication progressive des mérinos, tout nous annonce une amélioration sensible dans plusieurs branches de l'économie rurale, tout nous encourage à de nouveaux efforts. »

Dans le compte moral que M. le préfet rendoit la même année au Conseil général de son département, il lui disoit : « L'agriculture prospère, et nous pourrons bientôt vous dire avec certitude

que les produits ont triplé, que les prairies artificielles se sont multipliées ; mais ce sont sur-tout les
plantations que l'œil contemple avec satisfaction.
Les rives des torrens, les flancs des montagnes,
les places publiques, les terres vagues et stériles,
les bords des grandes routes, des canaux, des
chemins vicinaux, des cimetières, les avenues des
communes seront incessamment plantés; la pépinière du département fournira beaucoup de sujets, et nous vous proposerons les moyens de la
rendre encore plus florissante. Les mérinos se sont
parfaitement acclimatés dans ce département. Le
croisement des bêtes à cornes suisses avec les indigènes a le plus grand succès. S. Ex. le Ministre de l'intérieur nous a accordé quelques fonds
destinés à couvrir le déficit entre le prix d'achat
et de transport et celui du placement dans les
campagnes. Trois convois sont déjà arrivés et
distribués dans les communes ; un quatrième est
en route ; il est composé de cinquante jeunes taureaux et génisses ; un cinquième, composé de vingt
bêtes, le suivra immédiatement. Le Ministre de
l'intérieur nous a autorisé à promettre qu'à la
foire de Gap, en mai 1808, des primes d'encouragement seront décernées aux propriétaires et
cultivateurs, pour les meilleurs produits de ce croisement et les plus beaux chevaux du pays. »

Quelque confiance que ces aperçus doivent inspirer, ils ne peuvent pas produire une conviction aussi forte que les faits que je vais rapidement parcourir.

Deux lettres écrites par des cultivateurs aux rédacteurs du Journal et à M. le préfet suffiront pour prouver à quel point on en est déjà, dans les Hautes-Alpes, sur la suppression des jachères et la formation des prairies artificielles.

Après quelques détails sur l'inutilité de ses efforts auprès de son père, pour le déterminer à adopter un autre système d'agriculture que celui qu'il suivoit de père en fils, l'auteur de la première lettre dit qu'il voyoit avec regret qu'un très-beau et bon domaine produisoit à peine pour payer les impositions et les frais d'exploitation ; que, dès qu'il a été propriétaire, il a commencé par faire des prairies artificielles en sainfoin, luzerne et trèfle ; qu'il a une grande quantité de fourrages et par-là beaucoup d'engrais, et que son domaine lui rapporte immensément.

La peinture que fait le second cultivateur de l'heureuse révolution qui s'est opérée dans l'agriculture des Hautes-Alpes est encore plus énergique.

« L'on m'avoit flatté, mande-t-il à M. le préfet, que j'aurois l'honneur de vous voir dans ce pays. Je m'en faisois une fête , et j'en aurois été d'autant plus aise , que vous auriez été certainement satisfait du coup-d'œil que vous auroient offert les belles et immenses prairies artificielles de ce territoire , tant en sainfoin qu'en trèfle et luzerne. Je puis vous assurer qu'on ne peut rien imaginer de plus beau dans les productions que j'ai eu le plaisir de voir quadrupler depuis trois ans, n'y ayant pas un seul particulier qui n'ait suivi mon exemple , et qui chaque jour ne m'en remercie. Toutes les autres récoltes sont magnifiques ; et, pour vous en donner une idée, je joins ici deux épis d'un seigle que j'ai dans un champ considérable, et où j'ai perçu l'année dernière un magnifique froment. »

Vous penserez sûrement, Messieurs, d'après des lettres qui constatent des faits aussi positifs et aussi importans , qu'il est inutile de rappeler tous les articles du Journal qui ont signalé des cultivateurs comme ayant supprimé les jachères et formé des prairies artificielles. Il me suffit de vous faire observer que la formule de cette annonce, *qui donne l'exemple de l'assolement des terres ,* est souvent répétée dans le Journal de la Société.

Je néglige également la citation de celles des différens particuliers qui avoient introduit les mérinos dans leurs domaines. J'ai des faits plus imposans à vous exposer, et qui datent de 1804 et 1806.

On avoit entretenu dans l'arrondissement de Briançon trente-deux mille brebis, dont la laine avoit rendu 96,000 francs, grace à l'introduction des mérinos et au croisement avec les brebis d'Arles. On espéroit en retirer, dans quelques années, 32,000 napoléons d'or, non compris le produit des troupeaux que l'on ne gardoit que pendant l'été.

Un règlement sur les pâturages avoit été fait en 1804 dans une commune, sanctionné et mis à exécution malgré des réclamations ; et un récensement, fait en 1806, avoit donné un bénéfice net de 1000 napoléons d'or : bénéfice qui devoit s'accroître avec les mérinos.

Il s'étoit formé à Embrun une Société pastorale qui avoit pour objet d'améliorer les laines par le croisement des races. Elle devoit acheter, sous peu de jours, à la Mandria, trente-quatre mérinos. Elle avoit loué les montagnes des Orres sur lesquelles son troupeau devoit paître ; plusieurs particuliers n'attendoient que le succès pour suivre cet exemple.

La commune de Fressinières avoit affermé ses montagnes à une compagnie qui vouloit y amener des beliers d'Espagne et quinze cents brebis indigènes.

Des dispositions se faisoient pour que des troupeaux des Bouches-du-Rhône et de la vingt-septième division militaire vinssent passer les étés sur les montagnes des Hautes-Alpes, et que ceux de ce département allassent dans les départemens environnans pendant les hivers.

Mais c'est plus particulièrement dans les travaux de digues, de canaux et de plantations que l'activité des habitans des Hautes-Alpes est maintenant étonnante.

Je vois des creusemens de lits, des encaissemens de torrens, des digues de cinquante, de quatre-vingts, de cent, de cent quatre-vingts, de deux cents, de trois cents, de six cents, de neuf cents mètres de longueur sur deux et trois de largeur, construites par des particuliers; de nombreuses constructions de digues, sans désignation de longueur et de largeur, mais dont tout annonce l'importance; cent cinquante rôles de souscriptions volontaires par des municipalités pour des digues, ponts, canaux, plantations, etc.; des deux mille quatre cents, des dix-huit mille mètres de prairies conquises sur des torrens.

Avec des procédés très-simples et une dépense de 6,000 francs, un cultivateur actif et éclairé a converti des graviers qu'il n'avoit achetés que 13oo francs, en une propriété qu'il déclare ne vouloir pas donner pour 100,000 francs.

Vous auriez, Messieurs, de la peine à croire ce que cinq particuliers ont osé entreprendre, et ce qu'ils ont exécuté. Ils ont détourné un torrent qui prend sa source sous les glaciers de Mont-Chamouchel ; ils l'ont conduit, à l'aide de murs de soutenement et avec des difficultés inouies, l'espace de deux mille mètres jusqu'au haut d'une grande roche, d'où il se précipite perpendiculairement dans une combe encaissée, forme de très-belles cascades, et peut arroser au-delà de trois cent vingt-six hectares de terres labourables. On se propose de pratiquer de petits canaux d'arrosement pour donner à tout un canton la même fertilité qu'à la partie déjà arrosée, et l'on prétend y avoir, avec le temps, des prairies artificielles d'un très-grand produit.

Une commune a fait un utile essai de la méthode économique de se mettre à l'abri des ravages des torrens secondaires, et deux autres communes doivent l'employer.

J'ai calculé la quotité des canaux dont le Journal de la Société a rendu compte, et des hectares qu'ils arrosent. J'ai trouvé quatre cent quatre-vingt-quinze canaux, et seize mille cinq cent quatre-vingt-dix-huit hectares arrosés. Je n'ai pas pu faire entrer dans ce calcul d'autres canaux qui étoient exécutés, mais dont les résultats n'étoient pas encore connus. La Société en a indiqué cinquante-huit nouveaux à construire, et vingt-trois à réparer. Elle observe que, si un des canaux qu'elle indique est établi, la valeur de trois cents hectares, qui n'est que de 165 francs à 680 francs, sera portée depuis 2000 francs jusqu'à 4000 francs. Vous vous rappelez, Messieurs, que le canal du sieur *Deserbeys* a élevé le prix des terres arrosées de 40 ou 50 francs jusqu'à 400 ou 500 francs. Vous pouvez juger par ces seuls faits de quelle masse de richesses la construction de quatre cent quatre-vingt-quinze canaux augmente celles du département des Hautes-Alpes.

La même émulation a régné parmi les propriétaires pour les plantations.

Il a été formé une pépinière de mille amandiers, une de douze mille ormes, une de douze mille mûriers, une de quinze mille sujets, et une foule d'autres sans la désignation de la quotité des sujets.

Des propriétaires ont planté trois cents, six cent cinquante, sept cents, mille, treize cents arbres, et il a été fait une foule de plantations dont la quotité est ignorée.

Un seul propriétaire a planté un grand nombre

de châtaigniers, d'amandiers, de pommiers, de poiriers, trois cents saules, sept cent cinquante peupliers, et a fait un beau semis sur trente mille mètres carrés.

Une dame a fait planter un nombre considérable de mûriers et de platanes, cinq cents amandiers, cinq cents noyers, quatre mille chênes, quatre mille tilleuls, mille marronniers, mille frênes, douze châtaigniers, quarante mélèses et cinq cents saules et peupliers.

Dans une seule commune, on a fait des semis en gland de deux, même de dix journées de labourage, qui ont eu plusieurs imitateurs ; beaucoup de mûriers et d'oliviers prospèrent, et presque tous les habitans ont planté les bords des torrens et ruisseaux en saules, aunes et peupliers.

Dans une autre commune, il n'existe pas une seule terre qui ne soit garnie d'arbres.

Les travaux du desservant d'une succursale méritent de trouver une place dans ce compte. Cet industrieux ecclésiastique a planté sur le flanc d'une montagne un grand nombre d'arbres de toute espèce, et il a pratiqué, dans sa plantation, des canaux avec un art tel qu'il n'est aucun point qu'il ne puisse arroser à volonté.

Dans la foule immense de ces précieux travaux, je suis obligé de choisir ceux qui ont un caractère particulier , et qui peuvent mieux convaincre que le goût des plantations a heureusement succédé à cet esprit dévastateur qui a si cruellement ravagé ce malheureux département.

Les habitans des Hautes-Alpes commencent aussi à recueillir les fruits des instructions de la Société d'Emulation et des soins de M. le préfet sur l'exploitation des mines de houille.

Les communes du Villars , d'Arêne et de la Grave exploitent une houillière qui leur fournit un combustible dont elles manquoient depuis un siècle.

Un membre du Conseil général du département s'est mis à la tête des mines de houille de la rive gauche de la Guisanne. Dans un puits, l'extraction s'étoit élevée en 1806 pendant cent jours à deux mille trois cents myriagrammes , et la vente à seize cents ; dans un autre , l'extraction, pendant le même espace , à quinze cents myriagrammes , et la vente à trois cents. Ces mines , ouvertes dans un pays presque dépourvu de bois , fournissent abondamment aux besoins de la vallée du Monêtier , des habitans et de la garnison de Briançon, des habitans de la Gave qui n'avoient jusque-là employé pour leurs usages domestiques que de la bouse de vache séchée au soleil , enfin des usines et des manufactures qui commencent à s'établir dans cette partie la plus industrieuse du département.

Trois ouvriers extraient chaque jour deux mille kilogrammes de la houillière de Chantelouve. Cette mine fournit aux besoins de la maison centrale de détention d'Embrun, des autres établissemens de cette ville, et d'un très-grand nombre de particuliers qui ont employé pour la première fois la houille.

Ces exploitations sont surveillées par des ingénieurs, et on n'a plus à craindre le retour des abus contre lesquels l'un d'eux s'est élevé avec tant d'énergie.

Voilà les sources de richesses que s'est ouvertes une population naguère plongée dans l'ignorance, l'inertie et la misère.

Les mœurs de ce peuple, devenu tout-à-coup si laborieux et si industrieux, se sont en même temps améliorées. Les belles actions se sont extrêmement multipliées, et le Jury, qui a été chargé de distribuer les prix fondés par M. le préfet, n'a eu que l'embarras du choix. Cette fécondité, d'un genre si touchant et malheureusement si rare, vous étonnera moins, Messieurs, lorsque vous saurez que, parmi les habitans des Hautes-Alpes, il existe encore des traces des mœurs de l'âge d'or que les orages de la révolution n'ont pu altérer.

Les veuves et les orphelins ont, dans l'arrondissement de Briançon, le droit de faucher leurs prairies avant celles de tous les autres propriétaires, et d'avoir des ouvriers pour tous les travaux champêtres, sans autre rétribution que la nourriture. S'ils ont une maison, un édifice quelconque à reconstruire ou à réparer, tous les habitans, sur le seul avis du maire, s'empressent de faire le transport des matériaux ; s'ils perdent une pièce de bétail dans un pâturage, la perte est supportée par tous les habitans selon leurs facultés, et cette espèce de cotisation est payée exactement à la réception d'un morceau de l'animal qui leur est porté par le garde champêtre.

Si les habitans des Hautes-Alpes, sur les flancs des montagnes qu'ils replantent, et le long des torrens qu'ils domptent, inspirent un vif intérêt, combien l'émotion doit être profonde à la vue de ces hommes bons et généreux, lorsqu'ils labourent le champ de la veuve et de l'orphelin, qu'ils transportent les matériaux destinés à la reconstruction de leur maison, ou qu'à la présentation d'un morceau de l'animal qui a péri, ils en paient la valeur avec la même ponctualité qu'un négociant paie à sa présentation la lettre-de-change qu'il a souscrite !